解读家居细部设计
——客厅

金长明　王明善　主编

辽宁科学技术出版社
·沈阳·

本书编委会

主　编：金长明　王明善
副主编：刘　超　王浩宇
编　委：李　哲　姜　琳　蒋　明　钱芳兵　陈斯佳　关诗超
　　　　林蕴含　潘　涛　崔　明

投稿联系方式

王羿鸥 QQ：40747947　　　　2433126980
于　倩 QQ：758517703　　　　1171219373　　　　1519952873

办公电话：024-23284356　　　024-23284369

图书在版编目（CIP）数据

解读家居细部设计. 客厅 / 金长明，王明善主编. —沈
阳：辽宁科学技术出版社，2014.1
　ISBN 978-7-5381-8354-2

　　Ⅰ.①解…　Ⅱ.①金…　②王…　Ⅲ.①住宅—客厅—
室内装饰—细部设计—图集　Ⅳ.①TU767-64

中国版本图书馆CIP数据核字（2013）第262706号

出版发行：辽宁科学技术出版社
　　　　　（地址：沈阳市和平区十一纬路29号 邮编：110003）
印 刷 者：沈阳天择彩色广告印刷股份有限公司
经 销 者：各地新华书店
幅面尺寸：215mm×285mm
印　　张：4
字　　数：150千字
印　　数：1～3500
出版时间：2014年1月第1版
印刷时间：2014年1月第1次印刷
责任编辑：郭媛媛
封面设计：唐一文
版式设计：唐一文
责任校对：栗　勇

书　　号：ISBN 978-7-5381-8354-2
定　　价：23.80元

联系电话：024-23284356　024-23284369
邮购热线：024-23284502
E-mail:purple6688@126.com
http://www.lnkj.com.cn

CONTENTS 目录

设计：尚成室内装饰设计有限公司

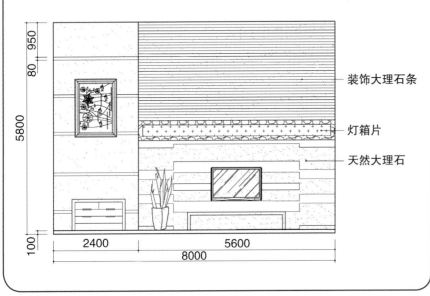

装饰大理石条

灯箱片

天然大理石

设计：游永朱

设计：游永朱

设计：王利昌

设计：张　新

设计：庄焕阳

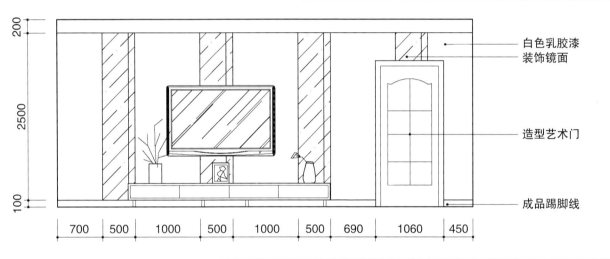

白色乳胶漆
装饰镜面

造型艺术门

成品踢脚线

200
2500
100

700　500　1000　500　1000　500　690　1060　450

设计：潘自立

设计：潘自立

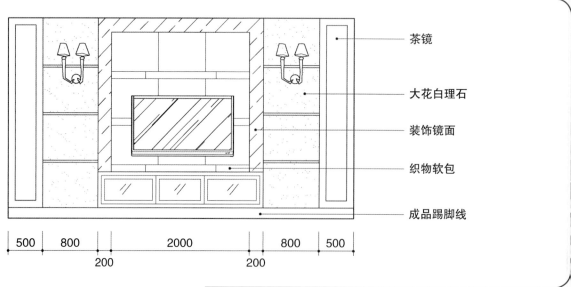

茶镜

大花白理石

装饰镜面

织物软包

成品踢脚线

| 500 | 800 | 2000 | 800 | 500 |
| 200 | | | 200 | |

设计：丛启楠

设计：朱 琳

设计：陈 伟

设计：大连金世纪装饰

设计：刘玉河

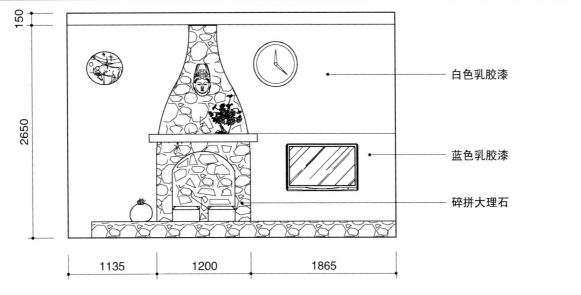

白色乳胶漆

蓝色乳胶漆

碎拼大理石

150

2650

1135　　1200　　1865

设计：赵 伟

设计：贾建新

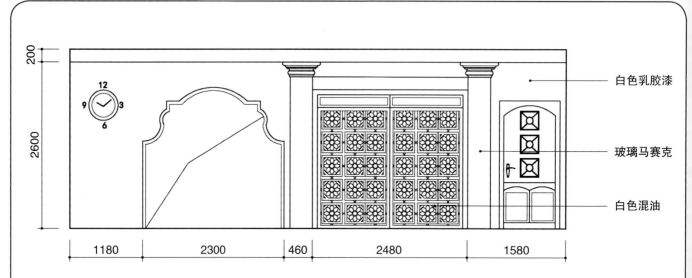

白色乳胶漆

玻璃马赛克

白色混油

设计：龚 军

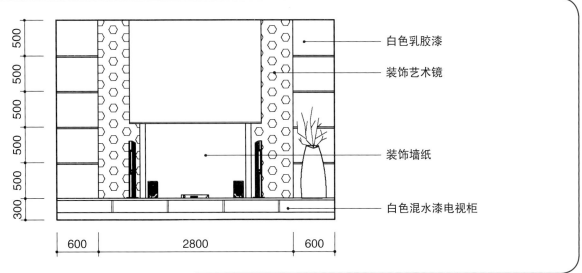

白色乳胶漆

装饰艺术镜

装饰墙纸

白色混水漆电视柜

500 500 500 500 500 500 300

600   2800   600

设计：戴文强

设计：吕永庆

设计：潘自立

设计：潘自立

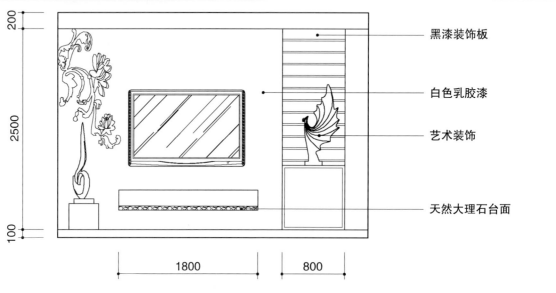

黑漆装饰板

白色乳胶漆

艺术装饰

天然大理石台面

设计：高仲元

设计：胡凤涛

设计：戴文强

设计：莫 嘉

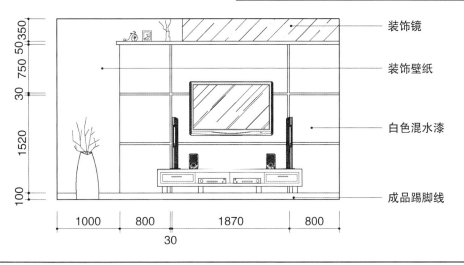

装饰镜

装饰壁纸

白色混水漆

成品踢脚线

50 350
750
1520
100

1000 800 1870 800
30

设计：冯凌镍

设计：赵　广

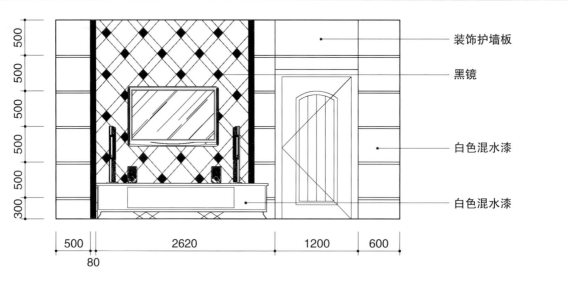

装饰护墙板

黑镜

白色混水漆

白色混水漆

500　2620　1200　600

80

设计：戴文强

设计：宁建明

设计：伍玉清

设计：叶智丽

设计：潘自立

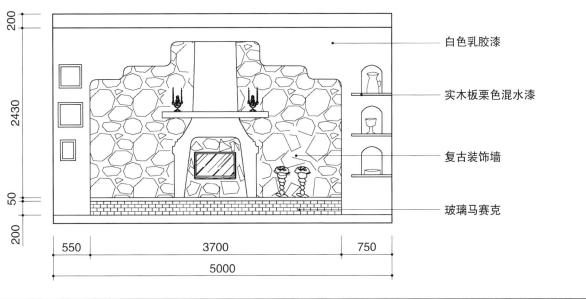

白色乳胶漆

实木板栗色混水漆

复古装饰墙

玻璃马赛克

设计：余 涛

设计：王 琴

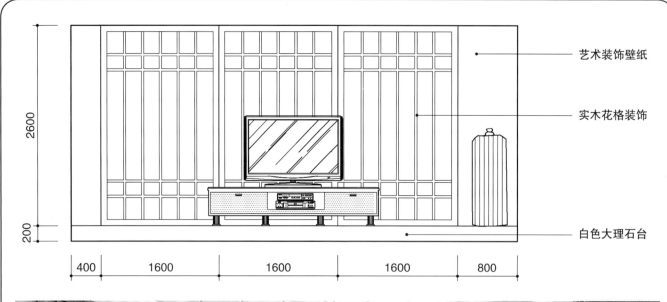

艺术装饰壁纸

实木花格装饰

白色大理石台

2600

200

400　1600　1600　1600　800

设计：汪 桃

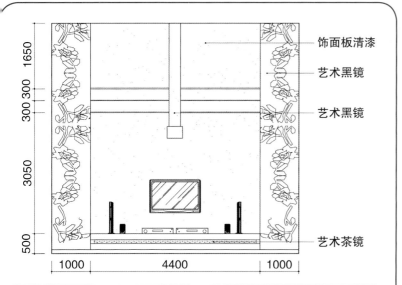

饰面板清漆

艺术黑镜

艺术黑镜

艺术茶镜

1650 300 300 3050 500

1000 4400 1000

设计：戴文强

设计：高仲元

设计：曾 晶

设计：姜广伟

设计：丛启楠

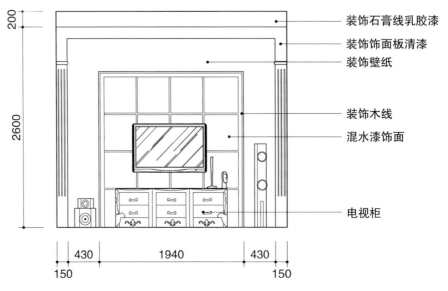

装饰石膏线乳胶漆

装饰饰面板清漆

装饰壁纸

装饰木线

混水漆饰面

电视柜

200

2600

150　430　1940　430　150

设计：王利昌

设计：王　琴

设计：高继海

设计：王　勇

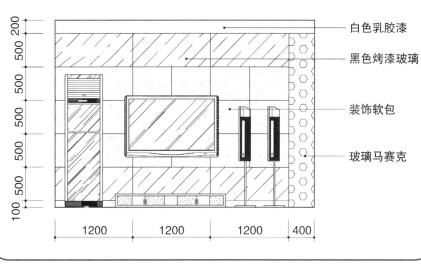

白色乳胶漆

黑色烤漆玻璃

装饰软包

玻璃马赛克

设计：陈　华

设计：姜广伟

设计：马非立

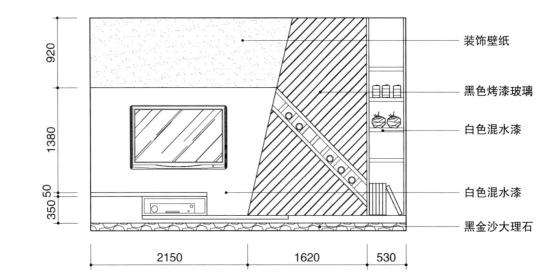

装饰壁纸

黑色烤漆玻璃

白色混水漆

白色混水漆

黑金沙大理石

920
1380
350 50

2150　　1620　　530

设计：胡狸设计

设计：王　勇

设计：赵 广

设计：高丽丽

设计：朱琳琳

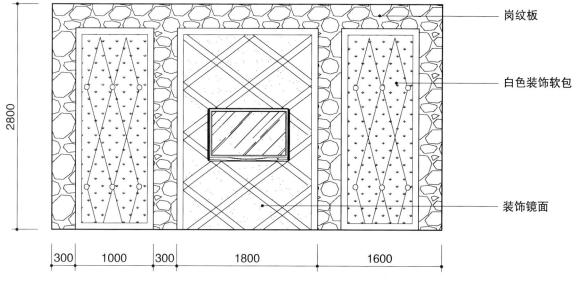

岗纹板

白色装饰软包

装饰镜面

2800

300 | 1000 | 300 | 1800 | 1600

设计：龚 军

设计：赵学平

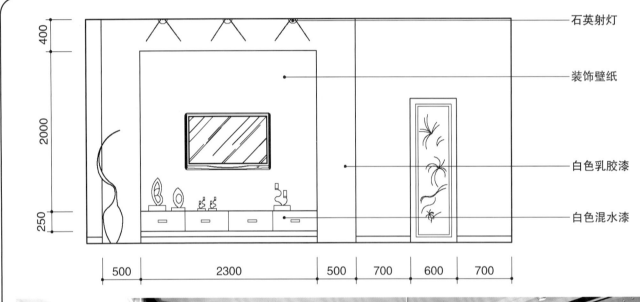

石英射灯

装饰壁纸

白色乳胶漆

白色混水漆

400

2000

250

500 2300 500 700 600 700

设计：周 周

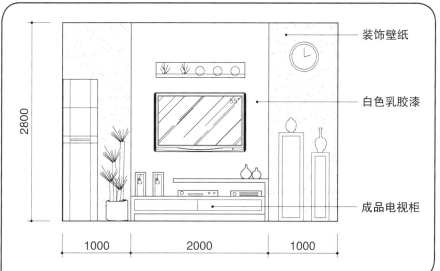

装饰壁纸

白色乳胶漆

成品电视柜

2800

1000　　　2000　　　1000

设计：汪　桃

设计：沈阳艾尚装饰

设计：袁　野

设计：王利昌

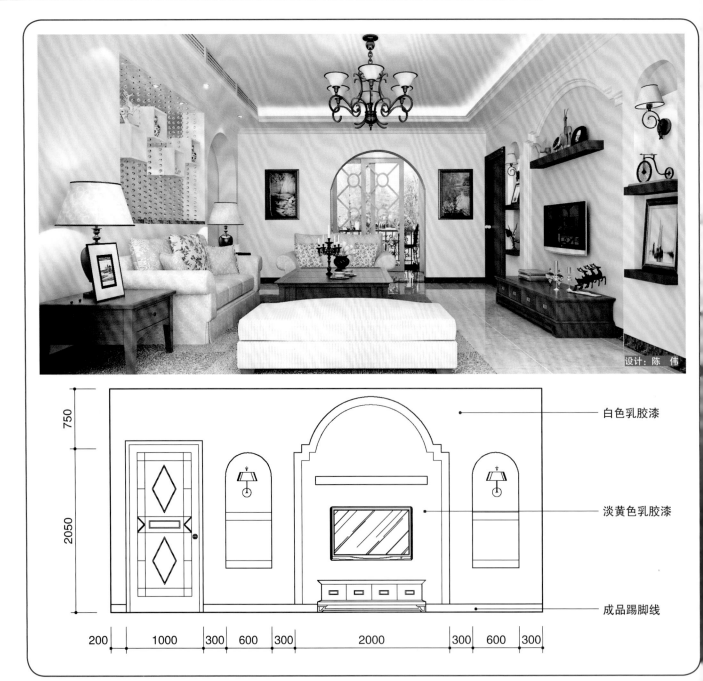

白色乳胶漆

淡黄色乳胶漆

成品踢脚线

设计：陈 伟

设计：王 琴

设计：朱 琳

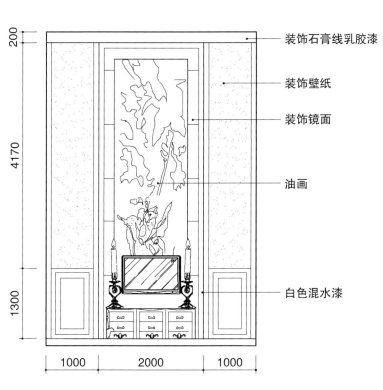

装饰石膏线乳胶漆

装饰壁纸

装饰镜面

油画

白色混水漆

200
4170
1300

1000　2000　1000

设计：郑艳玲

设计：胡凤涛

设计：胡凤涛

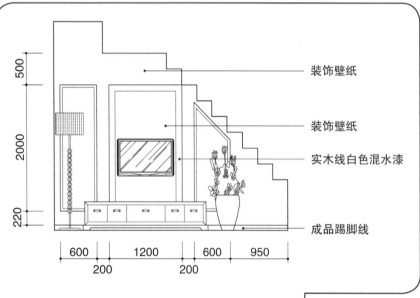

装饰壁纸

装饰壁纸

实木线白色混水漆

成品踢脚线

设计：陆槛槛

设计：魏晓帅

设计：高仲元

设计：解苏霆

设计：林志明

设计：解苏霆

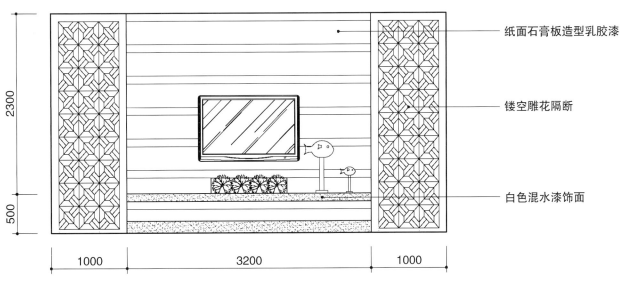

纸面石膏板造型乳胶漆

镂空雕花隔断

白色混水漆饰面

2300

500

1000   3200   1000

设计：宁建明

设计：宁建明

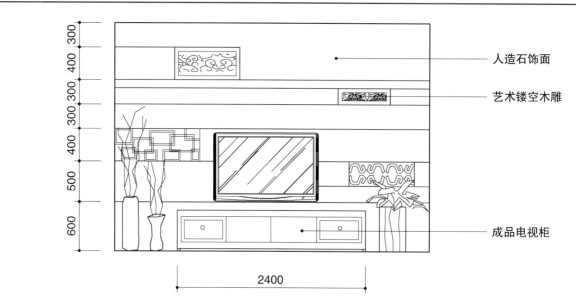

人造石饰面

艺术镂空木雕

成品电视柜

2400

设计：莫嘉成

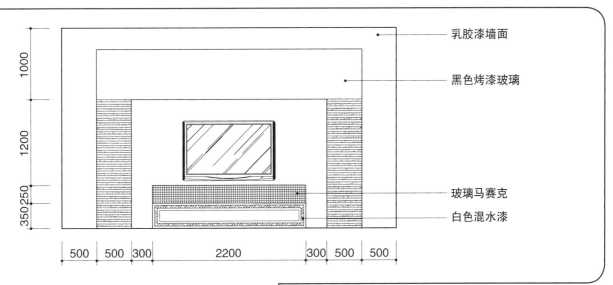

乳胶漆墙面

黑色烤漆玻璃

玻璃马赛克

白色混水漆

设计：文 健

设计：吴 锐

设计：宁建明

设计：唐 丹

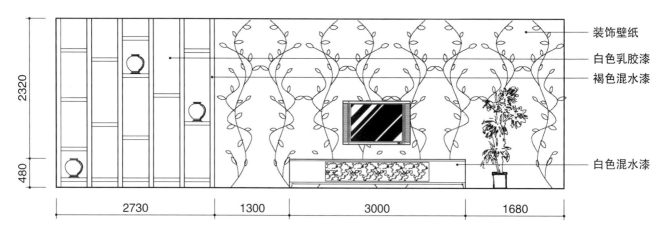

装饰壁纸
白色乳胶漆
褐色混水漆

白色混水漆

2320

480

2730　1300　3000　1680

设计：张 华

设计：张 华

设计：李倩倩

设计：王利昌

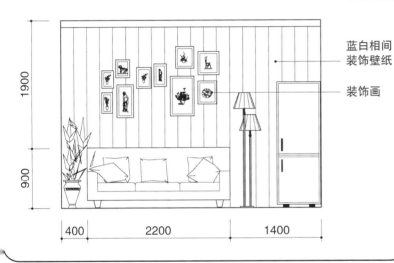

蓝白相间
装饰壁纸

装饰画

1900

900

400　2200　1400

设计：高智龙

设计：宁建明

设计：宁建明

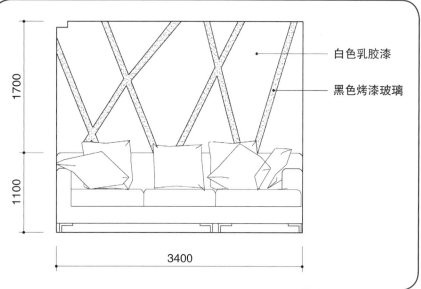

白色乳胶漆

黑色烤漆玻璃

1700

1100

3400

设计：安晓冬

设计：王　琴

设计：罗惠民

设计：王利昌

设计：朱 琳

设计：吴 锐

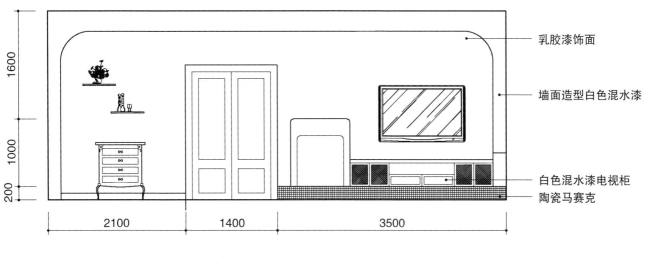

乳胶漆饰面

墙面造型白色混水漆

白色混水漆电视柜

陶瓷马赛克

1600

1000

200

2100

1400

3500

设计：梁 昆

设计：汪 桃

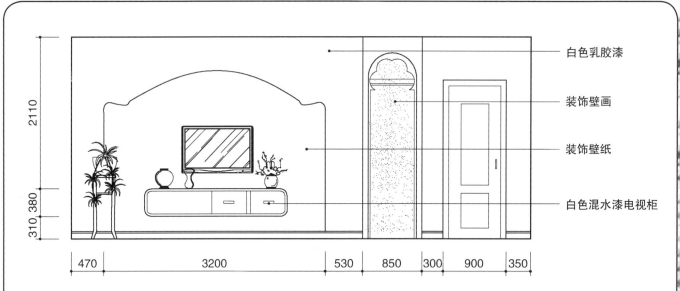

白色乳胶漆

装饰壁画

装饰壁纸

白色混水漆电视柜

2110

380

310

470   3200   530   850   300   900   350

设计：吴 锐

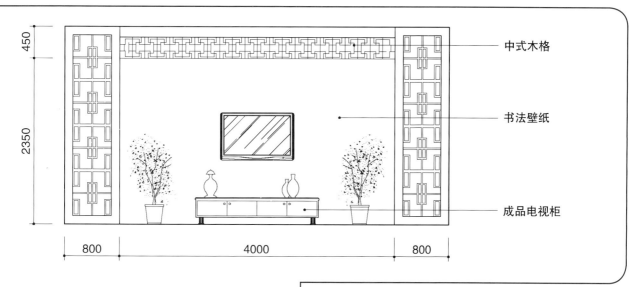

中式木格

书法壁纸

成品电视柜

设计：安晓冬

设计：罗惠民

设计：宁建明

设计：伍玉清

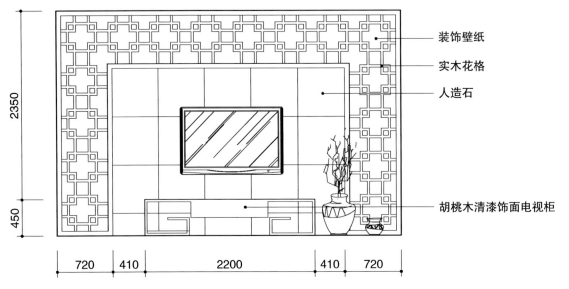

装饰壁纸

实木花格

人造石

胡桃木清漆饰面电视柜

2350

450

720   410   2200   410   720

设计：王　跃

设计：吴文进

设计：姜 鑫

设计：朱 琳

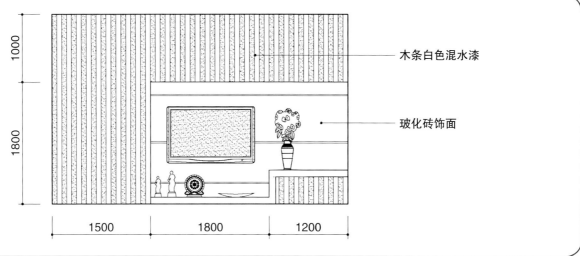

木条白色混水漆

玻化砖饰面

1000

1800

1500　　1800　　1200

设计：宁建明

设计：邱 波

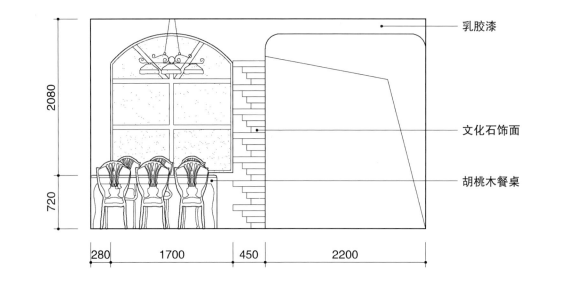

乳胶漆

文化石饰面

胡桃木餐桌

2080

720

280　　1700　　450　　2200

设计：余 涛

设计：3C工作室

设计：高智龙

设计：高智龙

设计：许昌进

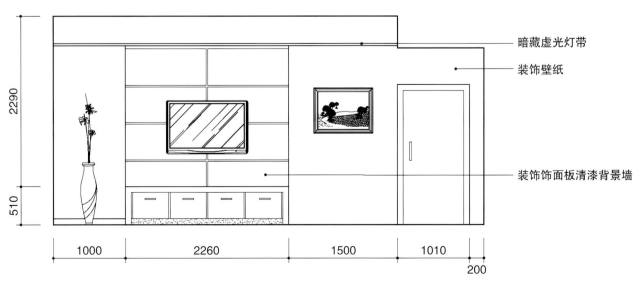

暗藏虚光灯带

装饰壁纸

装饰饰面板清漆背景墙

2290

510

1000　　　2260　　　1500　　　1010

200

设计：姜 鑫

设计：林 锦

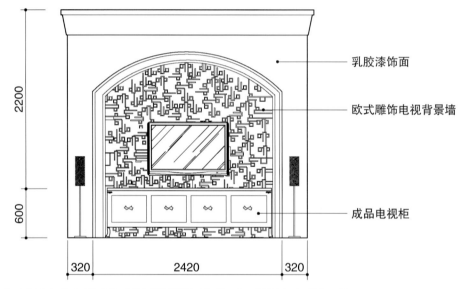

乳胶漆饰面

欧式雕饰电视背景墙

成品电视柜

2200

600

320   2420   320

设计：许昌进

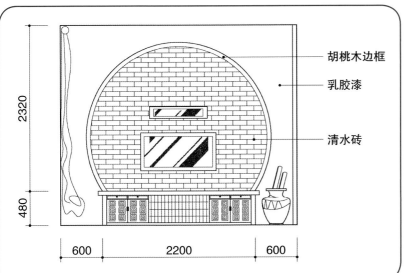

胡桃木边框

乳胶漆

清水砖

2320

480

600　2200　600

设计：赵　广

设计：杨　飞

设计：宁建明

设计：邱　波

设计：欧高斌

乳胶漆墙面

中式木花格

胡桃木电视背景墙

700
620
980
510

1040 | 310 | 2260 | 310 | 1440

设计：朱　琳

设计：唐　丹

设计：戚纹光

设计：鲁 勇

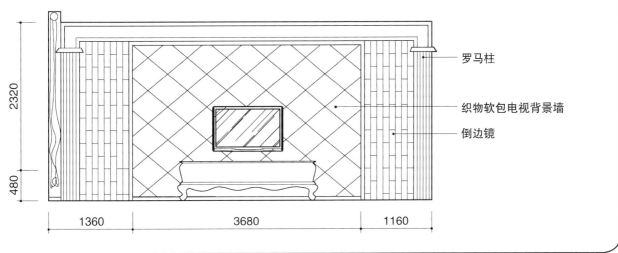

罗马柱

织物软包电视背景墙

倒边镜

2320

480

1360　　3680　　1160

设计：邱 波

设计：邱 波

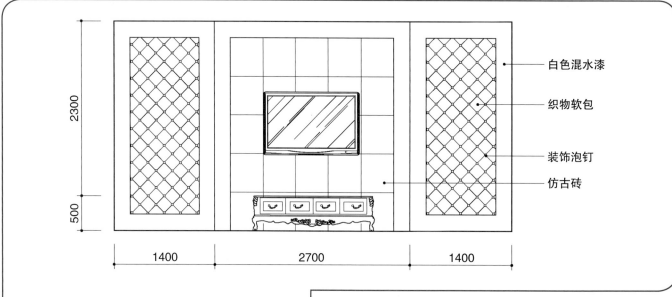

白色混水漆

织物软包

装饰泡钉

仿古砖

2300

500

1400

2700

1400

设计：张 健

设计：张朝亮

设计：马 壮

设计：钱 军

设计：王利昌

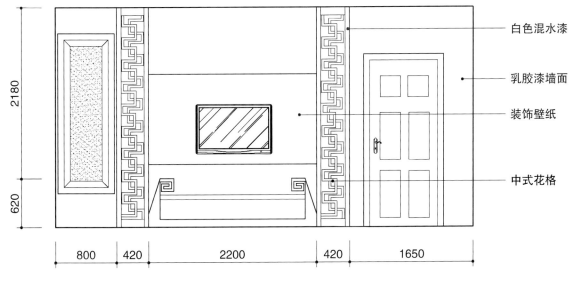

白色混水漆

乳胶漆墙面

装饰壁纸

中式花格

2180

620

800   420   2200   420   1650

设计：杨静平

设计：张 新

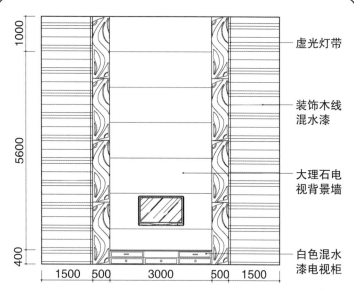

1000

5600

400

1500　500　　3000　　500　1500

虚光灯带

装饰木线
混水漆

大理石电
视背景墙

白色混水
漆电视柜

设计：黎世红

设计：朱 琳

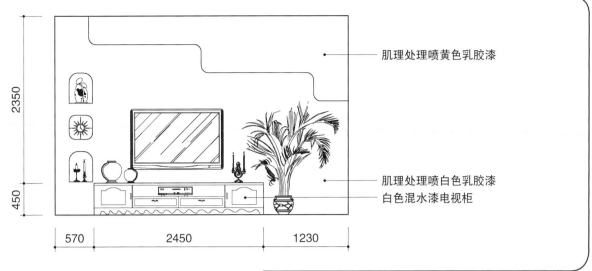

肌理处理喷黄色乳胶漆

肌理处理喷白色乳胶漆
白色混水漆电视柜

2350

450

570   2450   1230

设计：胭脂设计

设计：王　琴

设计：伍玉清

设计：华伟工作室

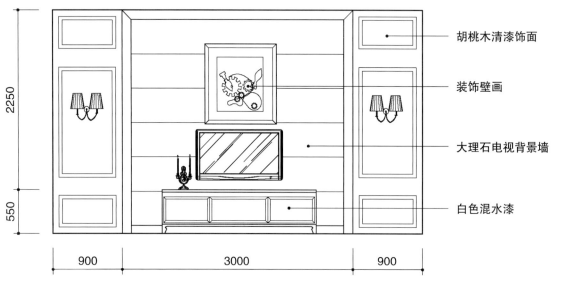

胡桃木清漆饰面

装饰壁画

大理石电视背景墙

白色混水漆

2250

550

900   3000   900

设计：张丽娜

设计：朱 琳

设计：王 琴

设计：朱 琳

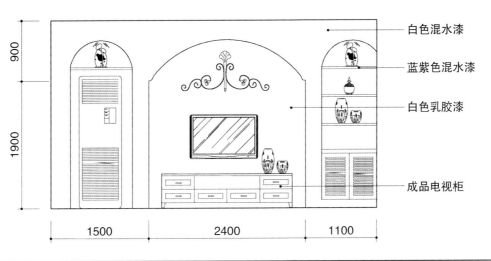

白色混水漆

蓝紫色混水漆

白色乳胶漆

成品电视柜

900

1900

1500   2400   1100

设计：许昌进

设计：许昌进

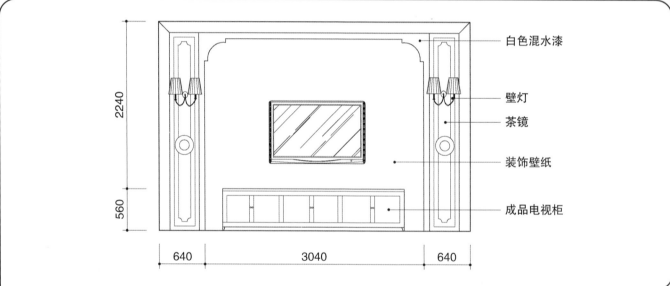

白色混水漆

壁灯

茶镜

装饰壁纸

成品电视柜

2240

560

640   3040   640

设计：大连金世纪装饰

设计：安晓冬

设计：林 锦

设计：孟 旭

设计：郭志刚

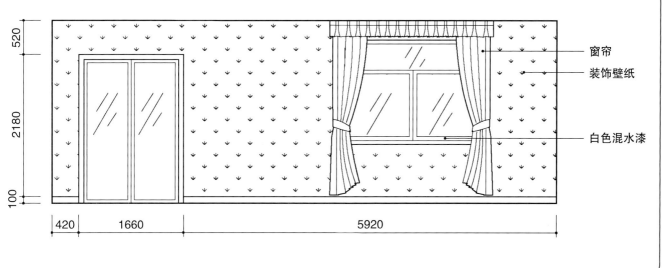

窗帘

装饰壁纸

白色混水漆

520

2180

100

420 1660 5920

设计：华伟工作室

设计：朱 琳

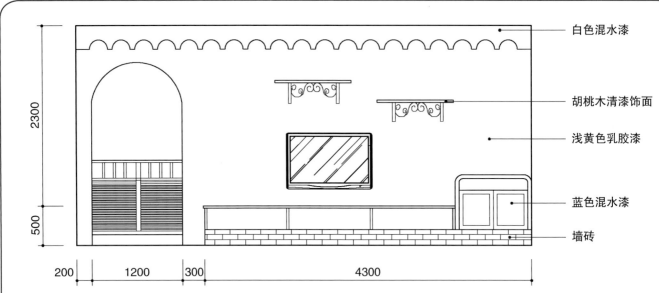

白色混水漆

胡桃木清漆饰面

浅黄色乳胶漆

蓝色混水漆

墙砖

2300

500

200 1200 300 4300

设计：胭脂设计

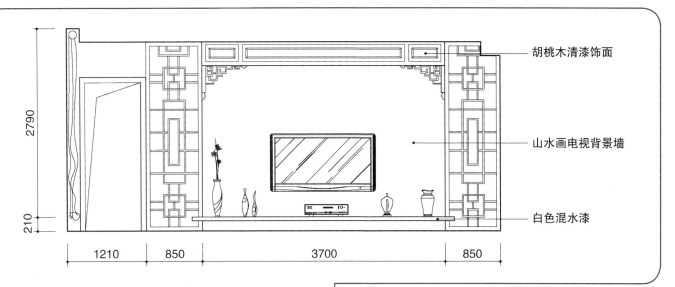

胡桃木清漆饰面

山水画电视背景墙

白色混水漆

2790

210

1210　850　3700　850

设计：博　韬

设计：杨传光

设计：叶智丽

设计：胭脂设计

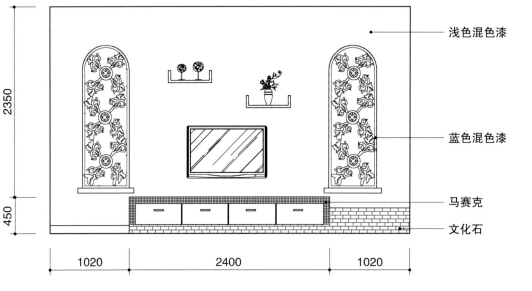

浅色混色漆

蓝色混色漆

马赛克

文化石

2350

450

1020　　　2400　　　1020

设计：姜 鑫

设计：胭脂设计

设计：安　东

设计：易文韬

设计：郭长周

设计：班跃明

设计：黄　岩

设计：黄 岩

设计：鞠成巍

设计：泉港华田装饰设计

设计：陈 伟

设计：郭贵勇

解读家居细部设计 客厅

业主与装修公司采取的三种合作形式

现在，装修已经成为老百姓生活的重要组成部分，很多装修业主都懂得一定的装修知识。于是在与装饰公司签订的装修合同中，常常要求自己购买材料，这样能保证工程质量，防止上当受骗。工程承包形式因而分为以下几种，合同双方的责权关系也有所不同。

1. 全包：全包是指承包方根据业主所提出的装饰装修要求，承担全部工程的设计、材料采购、施工、售后服务等一条龙工程。这种承包方式一般适用于对装饰市场及装饰材料不熟悉，且没有时间和精力去了解这些情况的装修业主。采取这种方式的前提条件是装饰公司必须深得客户信任，在装饰工程进行中，不会产生因双方责权不清而出现的各种矛盾，同时也为装修业主节约了宝贵的时间。在选择这种方式时，不应一味节约资金，应选择知名度较高的装饰公司和设计师，委托其全程督办。签订合同时，应该注明所需各种材料的品牌、规格及售后责权等，工程期间也应抽取时间亲临现场进行检查验收。

2. 包清工：包清工是指装饰公司及施工队提供设计方案、施工人员和相应设备，而装修业主自备各种装饰材料的承包方式。这种方式适合于对装饰市场及材料比较了解的业主，通过自己的渠道购买到的装饰材料质量信赖可靠，经济实惠。不会因为装饰公司在预算单上漫天要价，将材料以次充好而蒙受损失。在工程质量出现问题时，双方责权不分，部分施工员在施工过程中不多加考虑，随意取材下料，造成材料大肆浪费，这些都需要装修业主在时间和精力上有更多的投入。

目前，大型装饰公司业务最广泛，一般不愿意承接没有材料采购利润的工程，而小公司在业务繁忙时也随意聘用"马路游击队"，装饰工程质量最终得不到保证。这种方式一般适用于亲友同事等熟人介绍的施工队，但是一定要有前期案例，装修业主才有可比性。

3. 包工包辅料：包工包辅料又称为"大半包"，这是目前市面上采取最多的一种承包方式，由装饰公司负责提供设计方案、全部工程的辅助材料采购（基础木材、水泥砂石、涂料的基层材料等）、装饰施工人员管理及操作设备等，而装修业主负责提供装修主材，一般是指装饰面材，如木地板、墙地砖、涂料、壁纸、石材、成品橱柜、洁具、灯具的订购和安装。这种方式适用于我国大多数家庭的装修，装修业主在选购主材时需要消耗相当的时间和精力，但是主材形态单一，识别方便，外加色彩、纹理都需要个人喜好设定，绝大多数家庭用户都乐于采用这种方式。

大型装饰公司为了迎合装修业主的需求，会定期或不定期地举办家装课堂及工地考察等活动，为装修业主了解专业知识提供了便利条件。在实施过程中应该注意保留所购材料的产品合格证、发票、收据等，以备在发生问题时与材料商交涉，合同的附则上应写明甲、乙双方各自提供的材料清单。不少大中城市，尤其是省会城市的室内装饰协会及工商管理部门联合下发了在当地具有法律效应的家庭居室装饰施工合同书，严格要求各装饰公司遵照执行。

业主也能读懂设计图纸

住宅装修设计图相对于建筑设计图而言比较简单，需要业主认真看懂的主要是原始平面图、平面布置图、顶面布置图和主要立面设计图。至于水路图、电路图和节点构造详图等技术含量较高，在具体施工中可以向设计师讲明要求，能让施工员或项目经理看懂即可。读懂图纸的重点在于了解图纸中的尺寸关系、门窗位置、阳台以及贯穿楼层的烟道、楼梯等内容。

1. 原始平面图：原始平面图是指住宅现有的布局状态图，包括现有的长宽尺寸，墙体分隔，门窗、烟道、楼梯、给排水管道位置等信息，并且要在原始平面图上标明能够拆除或改动的部位，为后期设计打好基础。有的业主想得知各个房间的面积数据。以便后期计算装饰材料的用量，还可以在上面标注面积数据和注意事项等信息。原始平面图也可以使用原房产证上的结构图或地产商提供的原始装修设计图。

2. 平面布置图：平面布置图在反映住宅基本结构的同时，主要说明在装修空间的划分与布局，以及家具、设备的情况和相应的尺寸关系。平面布置图是后期立面装饰装修、地面装饰做法和空间分隔装设等施工的统领性依据，代表业主与装饰公司已取得确认肯定的基本装修方案，也是绘制其他分项图纸的重要依据。平面布置图一般包括下述几方面的内容：

1）表明住宅空间的平面形状和尺寸。

2）表明建筑楼地面装饰材料、拼花图案、装修做法和工艺要求。

3）表明各种装修设置和固定式家具的安装位置，表明它们与建筑结构的相互关系尺寸，并说明其数量、材质和制造（或商成品）要求。

4）表明与该平面图密切相关各立面图的位置及编号。

5）表明各种房间或装饰分隔空间的平面形式、位置和使用功能。

6）表明门、窗的位置尺寸和开启方向。

3. 主要立面设计图：装修主要立面设计图是指由平面布置图中有关各个投影符号所引出的各向立面图，即装饰造型体的正立投影视图，用以表明住宅空间各重要立面的装修方式、相关尺寸、相应位置和基本的构造做法。

装饰装修立面图的基本形式和内容如下：

1）表明装饰吊顶高度及其叠级造型的构造和尺寸关系。

2）表明墙面装饰造型的构造方式、饰面方法并标明所需装修材料及施工工艺要求。

3）表明墙、柱等各立面的所需设备及其位置尺寸和规格尺寸。

4）表明门、窗、轻质隔墙或装饰隔断等设施的高度尺寸和安装尺寸。

5）表明与装修立面有关的艺术造型高低错落位置尺寸。

6）与剖面图或节点图相配合，表明建筑结构与装修结构的连接方法及相应的尺寸关系。

客厅里的自然光好处多多

通常自然光对我们身体的影响是十分有益的。我们的能量层面的身体是由光产生并且由光来滋养的。像绿色植物一样，人体有一系列的营养物质，比如维生素D，只能通过阳光照射，人体才能合成。

自然光对气有积极的促进作用。但是，要注意避免太阳直接斜照在窗户上的光线，尤其是太阳西沉之时。不仅如此，阳光对情绪也会有影响，在阴天的时候，人的情绪会产生一些消极的变化。我们宜在上午多开窗户，一直到中午，这样就可以获得有益的光线，但是下午的阳光就不像上午那样有益。出于这个原因，朝向西南和西方的窗户和门并不十分有利。

白天要阳光充足，晚上灯光也宜明亮。光源最好是黄和白搭配。尽可能少使用日光灯管，它的电子撞击影响视神经。灯泡能产生热效应，会使室内空气上、下对流，产生好的风水。最忌为了省电费，或是营造气氛，而开盏5W、10W的小灯，会对视力造成损伤。

客厅装饰吊灯的选购

吊灯的式样很多，适合各种装修的风格，常用的有欧式烛台吊灯、中式吊灯、水晶吊灯、羊皮纸吊灯、时尚吊灯、锥形罩花灯等。用于居室的分单头吊灯和多头吊灯两种，前者多用于卧室、餐厅；后者宜装在客厅里。由于吊灯十分引人注目，因此吊灯的风格直接影响整个客厅的风格。吊灯托架的直径大小及灯头盏数的多少，都与客厅面积的大小有关。

装修业主最好选择可以安装节能灯光源或全金属和玻璃等材质内外一致的吊灯。不要选择有电镀层的吊灯，因为电镀层时间长了易掉色。此外，建议选择带分控开关的吊灯，如果吊灯的灯头较多，可以局部点亮。 吊灯悬挂在人们头上，吊钩的承重力十分重要，根据国家标准，吊钩必须能够挂起吊灯4倍重量才能算是安全的。吊灯的安装高度，其最低点应离地面不小于2.2m。

乳胶漆和墙纸的比较

1. 乳胶漆：乳胶漆是一种以合成树脂乳液为主要成膜物质的薄型涂料，一般用于室内墙面和顶棚的装饰。这种装饰材料附着力很强，施工方便，干燥起来也很快。水性乳胶漆基本无毒。除非那种具有耐水、耐潮湿功能的外墙乳胶漆，因为加入了其他材料才会有毒，一般水性的室内乳胶漆都是无毒无味的。

乳胶漆的第二大好处是具有超强的调色配色功能，什么颜色都可以选。在颜色变幻万千的前提之下，装修预算比较低的朋友，用色卡选择喜欢的颜色刷在墙上，一样舒心美观。好点的墙纸价格，在墙上贴下来，每平方米至少是乳胶漆价格的4倍。其实时间长了一样变色。一套房子的墙面该是多少个平方米呀。

2. 墙纸：墙纸就是以纸为基层，表面覆盖不同材料，经过特殊处理后，成为一种室内墙面的装饰品。墙布为什么叫墙布呢？因为它的基层不再是纸，而是布，然后表面印刷各种图案和色彩。这种蛮好，耐用、耐看，也比较环保。装修公司若是给出每平方米的价格低于乳胶漆的墙纸，请勿使用。太劣质的东西又丑又不耐用，还有毒。其实，粘贴墙纸的胶水里也含有毒物质，挥发周期慢，家里贴了墙纸请在装修后多通风换气一段时间。为了避免装修几年以后，墙纸不小心受潮或者撕破，最好在墙纸施工之后将剩下的余料收好，免得将来修补的时候整间屋子因为买不到当初的花色重新换一次墙纸。

墙纸大体可以分为以下几类：

1）复合纸质墙纸简单点说，这种墙纸表层和里层都是纸，便宜，但是很不耐用。用这种墙纸简直不如刷乳胶漆，这种商品多数是些公共场所使用。

2）纤维墙纸以纸为基层，表面复合丝、棉、麻、毛等纤维。这种墙纸价位中等。家庭装修我觉得用这种墙纸也算足够了吧？反正也不是贴上去一辈子不换。

3）天然材料墙纸基层是纸，表面复合天然的什么树叶、草叶、软木之类，是很天然的，不过贵啊！钱包鼓鼓的朋友我强烈推荐给他。

4）金属墙纸就是那种基层是纸，表面亮闪闪的东西，这种一般用在做电视墙装饰或者娱乐场所装饰，不建议居家装修大面积使用。

业主如何为家居空间选购饰品？

1. 装修风格：装修风格的确定直接影响饰品的选购方向，在一套住宅中，饰品风格不必完全与装修风格相同，那样会令人感到俗套，可以有少许变化。例如，在欧式古典风格的家居中穿插中国青花瓷瓶，在新中式风格的卧室中穿插东南亚饰品，在美式乡村风格中穿插日式饰品。在现代简约风格中穿插无框水墨画，这些都能补足单一的家居风格。

2. 个人喜好：不同房间主人的喜好是选择配饰的首要考虑因素，要真正做到满足家庭成员的性格爱好，最直接的办法是让他们畅所欲言，发表意见，甚至亲自去选择配饰，最后集中起来商议摆放方式。关于这一点很难顾及全面，因为很多个人喜好都来源于生活积累，选购时最好全家齐上阵，计划额定采购指标，就能顾及全面了。

3. 识别价值：首先识别饰品的基材，优质饰品材料质地优良，仿制品的外表往往会涂饰涂料来掩饰真实材料。真实基材一般较同类材质的日用品要厚重，即使是木材、塑料制品也会有相应的手感。家居饰品一般用于摆放，使用时间较长，最好选择材质真实、具有厚重质感的品种，虽然价格贵些，但是购买的数量不多，一套住宅中精心挑选1~2件上档次的饰品就足够了。然后观察饰品细节，金属饰品的细节要求光滑锐利，具备高度反光特性；陶瓷、玻璃饰品的细节要求特别细腻，柔中带刚，尤其是玻璃制品更要晶莹透彻；木质饰品的细节要求纹理清晰流畅，转角平滑，饰面涂装光洁；布艺饰品的细节要求纹理均衡，质地朴实，手感舒适，图案雅致。如果具备这些细节，基本可以认定其属于高档饰品，具有审美价值。接着应注重绿色环保特性，除了运用对人体无害的材质材料以外，还需要满足低碳生活消费需求，如布艺台灯、手绘无框画、彩色陶瓷，这类饰品虽然材质单一，但同样具备很高的审美价值。当然，最好采用的是能降解的材料，并具有很高的使用价值，这是当今家居生活的时尚。最后询问售后服务，一些具备使用功能的家居饰品要考虑售后服务，如水晶灯、水族箱等，这些产品可以通过看售后服务期限和服务点的覆盖范围来考察厂家及商家的实力。

选购软装配饰的还价技巧

目前，主要销售家居配饰的商店基本都是个体经营，由于进货渠道、店铺位置和销售季节不同，家居饰品价格相差很大，大多数消费者都会在购买前还价，这里面很有技巧。

1. 除虚就实：很多商家对壁纸定价很高，因为壁纸属于较高档的装饰材料。几年都不需更换，市场份额少，因而一般定价为进货价的5~10倍，其实价格高出2~3倍是可以理解的，商家要支付店铺、水电、运输、人员的费用，但虚高的

部分业主不能盲目支付。因此。在选购时一定要除虚就实，待店主报价后，可以问实价，店主自会降一点价，如果还觉得高。可要求再降一点价，等到店主不肯再降时，再说出一个自己认为比较合理的价格，这个价格一般是最初标价的40%~60%，这个价格一般都会成交，因为店主仍有钱可赚。

2. 吹毛求疵：市场销售规则是无论商品质量如何。商家都会说他们的商品质量很好，决不能轻易相信，一定要有自己的判断，即使业主看到其商品质量确实不错，也不能表现出来认同的观点。要用鸡蛋里挑骨头的办法来让商家降价，这样商家如果听出有一定的道理，也会再降价的。这种方法可以在议价的最后，成交前使用，要把握好时机，一旦错过就不能再使用了。

3. 巧选参照：近年来，很多具有创意的五金配件层出不穷，实在无法估测实际价格，可以到大型家居超市进行考察。家居超市对于这类商品的定价一般会高于个体店铺1.2~1.5倍，以此为参照可以得到定价的参考。

4. 交代底线：商家做生意自然要赚钱，谁也不会做赔本的买卖，因而，他们的货物一般都有个底线的，如果还价低于底线，店主自然不会出手。但作为购物者也可以以自己的底线来探知货主的底线，这方法可能比较反复。此外，一般男性店主较女性店主要容易说出底线，成交的时间也短些。当然，选购装饰材料不能只考虑产品本身的生产价值，还要考虑运输成本、店铺经营成本、人员工资和商家的利润。毕竟从事商业贸易的人要获取利润，但无法再次降低饰品的价格时，如果特别适宜，可以考虑购买，因为这些商品不同于食品和日用品，业主不会每天都去关注它，这就决定了我们无法买到全部便宜饰品。

家居饰品的选购场所

近年来，家居饰品越来越普及，装修业主在硬件装修后都会或多或少地购买。市场上的选购场所也很多，不同的购物场所，价格和质量都有不同，主要包括家居超市、大型综合超市、饰品专营店、路边夜市和网店。

1. 家居超市：这类卖场专业程度高，集中了市场上的所有商品，甚至包括进口商品，家居饰品种类繁多，品质和售后服务有保证，选购场所优雅舒适，针对套装家居用品还设计出样板间供消费者体验，但是价格较高。如果对家居生活品质要求很高，可以去这类超市选购。综合来看，可以在这里选购具有使用功能的商品，如沙发、茶几、装饰器皿和玻璃饰品等，这些商品的质量能保证达到较长的使用时间，物有所值。

2. 大型综合超市：这类卖场拥有一部分家具饰品，而且经常进行特价优惠活动，一般会将家居饰品与生活用品摆放在一起，家具饰品凭借自身的外观优势很容易脱颖而出，吸引人们的眼球，虽然价格不高，但是也不能议价。在综合超市很难买到个性化很强的东西，这里基本都是大规模批量生

产的饰品，只能满足一般装修业主的需求。

3. 饰品专营店：这类商店数量很多，一般集中在城市最繁华的商业步行街上和大型超市旁，里面的商品琳琅满目，具有很强的创意，价格差距很大。很多店主凭借这种个性创意来抬高标价，购买时一定要记住"议"价，否则很容易不明不白地花冤枉钱。当然，也有些饰品专营店会采取薄利多销的手法降低部分商品价格，以此来吸引顾客进店消费，业主千万不要被一时的便宜所蒙蔽。对于这类店铺，最好不要专门去光顾，在日常生活中要注意观察，遇到性价比合适的饰品就可以当即购买，一时用不上也可以存放起来，待搬入新家再用。

4. 路边小摊：这类场所售卖的家居饰品非常便宜，但是都是批量产品，质量一般，如果特别喜欢就可以毫不犹豫地购买，当然还是要看质量，否则再省钱也起不到装饰家居环境的作用。

5. 网店：现在电子商务已经涉及生活的方方面面，在网上选购饰品一般都是看中其低廉的价格，但是邮寄到手的实物有时会与网上的图片相差较大。因此，不能完全寄希望于网店商品，它只能作为选购的额外补充。

做隔断墙有三招，隔声效果好

1. 砌一堵中心是砖两边用水泥抹平的墙。隔断墙一定要砌到顶部，然后再打通风管道或其他走线需要的孔洞。一定要注意管路的密封问题，否则容易引起串音现象。

2. 选择隔声墙板，这是一种专业的隔声材料，其两边为金属板材，中间是具有隔声作用的发泡塑料，这种墙板厚度越大隔声效果就越好。

3. 采用轻钢龙骨石膏板，内部填充矿棉或珍珠岩，最好在石苯板的外面再附加一层硬度比较高的水泥板，可以增强隔声效果。但是要注意施工工艺问题，有缝隙处一定要密封，尤其是暖气管等穿墙口必须封闭。

墙壁不隔声的几点建议

一般住宅的承重墙采用的是钢筋混凝土或烧结普通砖的结构，有较好的隔声效果。而非承重墙采用的多是轻型空心砖或灰胶纸板，隔声效果差，如果业主很注重隔声效果，可以采取以下做法：

1. 拆掉原有墙壁，重新打造一堵隔声墙。

2. 保留原有的墙壁，增加一堵隔声墙。前者是拆除原有的墙体表面，在两侧加装灰胶纸板，并在中间填充玻璃纤维，隔声效果很好；后者需要在原有墙的基础上新加几根立柱，构成一堵里面填充玻璃纤维的隔声墙，因为是双层墙，隔声性能非常好。但是这样做会使房间的宽度减少数厘米，如果室内面积不大，最好不要采用这种做法。

3. 如果房间临街，可以在靠马路一侧的墙上加一层纸面

石膏板，墙面与石膏板之间用吸声棉填充，然后再在石膏板上粘贴墙纸或涂刷墙面涂料。

4. 提高窗户和门的隔声效果。窗户可以采用双层窗的结构，窗与窗之间的间隔应有20~30cm。门可以选择双层防盗门，隔声效果较好。

5. 书房一定要做好隔声。在装修书房时要选用吸声效果好的装饰材料，如顶棚采用吸声石苯板吊顶，墙壁采用PVC吸声板或软包装饰布等，地面采用吸声效果佳的地毯，窗帘要选择较厚的材料等，都可以在一定程度上阻隔外界的噪声。

选购楼梯要注意的五点事项

1. 选购楼梯时，踏步之间的高度为15cm、踏板宽度为30cm、长度为90cm是比较舒适的楼梯，栏杆的高度应保持在1m，栏杆之间的距离不应大于5cm，质量好的楼梯每个踏步的承重可以达到400kg。

2. 对于原本有基础结构的楼梯，业主可根据喜好选择各种材质的装修材料，一般以实木和石材为主。如果家中是水泥基础的楼梯，在装饰之前要先用大芯板包出楼梯台阶并固定好，然后再安装木质踏步材料，大芯板和木质踏步之间紧密结合，可使安装好的楼梯更加平整稳固。

3. 选择木质楼梯踏步时，一定要注意材质、工艺及涂装等方面的问题。最好选择实木指接板，因为经过指接处理的踏步不易变形开裂，经久耐用。施工时，为防止踏步变形开裂，一定要在安装时预留伸缩缝，给木板热胀冷缩的空间。

4. 木制楼梯要防潮、防蛀、防火。木制楼梯一旦受潮，木制构件就容易变形、开裂。涂料也会脱落。因此，日常清洁木制楼梯时，切忌用大量的水擦洗，用清洁剂喷洒在表面后再用软布擦洗干净即可。其次，要防止虫蛀。在安装楼梯时，可事先在水泥踏步上撒一些防虫剂，要保持楼梯的干燥，切勿受潮。还要经常检查各部件连接部位，防止松动或是被虫蛀蚀。

5. 设一条地毯，在保护楼梯的同时还可以保护家中老人和小孩，防止滑倒。

套装门、原木门、实木门，分清概念防糊弄

1. 纤维板贴纸门俗称"免漆门"。这种门很便宜，就是在纤维板上面贴了一层带有木质花纹的纸，然后上了一层清漆。"免漆"的意思就是您买回家不用上漆了。

2. 夹心木贴板门其实这种门基本上也可以被称为"实木"门，因为它确实是用木板做的，只不过是许多张薄的木板被叠压起来有了厚度，并且用一种纹理美观的薄木板做表面。

3. 原木门为避免概念混淆，人们把纯粹整块实木做成的

木门叫作"原木门"。其实有些东西不用我多说，只需了解既念就分出优劣了。

原木门当然是非常好了，质感是只可意会无法言传的东西。那舒服的感觉，不用摸，看一看就明白！而且原木门可以任意雕刻花纹和图案，立体感强烈，逼真有古意，但是这东西就是贵。选择原木门，要向店家问清楚树木种类。很简单，既然是原木，你就得说出来这门它是什么树种做的。树种之间的区别可大了，如果这门是松木，那就不值夹板门的双倍价格了。像花梨木、柏木之类密度比较大，结构比较坚固的原木门才好。

露台养花引水电，防水处理要先行

阳台和露台是日后晾晒衣物和养花的地方，前者泛指顶上有盖、四周有护栏的小平台，后者可以说是露天的大阳台，一般指住宅中的屋顶平台或在其他楼层中做出的挑台，面积较大，上方没有屋顶。无论是阳台还是露台，对于爱好养花的业主来说，这两处都需要水源，但由于开发商的设计失误，这两处通常会出现没有水电的情况。为了解决这一难题，一些爱好养花的业主在装修时会特意将水电线路引到阳台和露台上。可别小看这一引水引电过程，因为这涉及防水处理。然而，在实际装修过程中，如果业主不提出防水处理的要求，施工人员往往不做防水处理，给业主日后的生活留下隐患。防水处理同样属于隐蔽工程，监工自然就不能忽视。

1. 阳台的地面要向地漏有一定斜率，让水能够在20分钟内自动排空。阳台的水管一定要开槽走暗管，否则受到阳光照射，管内易滋生微生物。

2. 露台墙面和地面一定要做防水处理。

3. 如果需要直接在露台楼板上种植花草时，一定要做种植屋面防水。首先要确定种植土壤的种类，根据不同要求确定厚度。一般花草类在20cm即可，灌木在30~50cm。其次，要铺设过滤布和保温层，保护土壤温度，阻挡土壤流失。种植屋面要向雨水口倾斜，坡度为2° 即可。

4. 露台做地面防水时，设计及施工一定要严格按照规范进行。施工前必须由结构工程师核算楼板的荷载，并选择有资质的专业队伍施工。

客厅照明如何设计更健康？

1. 客厅灯光布置要求明亮、舒适、温暖。客厅是家中最大的休闲、活动空间，一般客厅会运用主照明和辅助照明的灯光交互搭配，来营造空间的氛围。主照明常见的有吊灯或吸顶灯，使用时需要注意上下空间的照度要均匀，否则会使客厅显得阴暗，使人不舒服。另外，也可以在客厅周围增加隐藏的光源，比如吊顶的隐藏式灯槽，让客厅空间显得更为高挑。

2. 客厅的灯光多以黄光为主，光源色温最好在2800~3000k。也可考虑将白光及黄光互相搭配，借由光影的层次变化来调配出不同的氛围，营造特别的风格。

3. 客厅的辅助照明常见的有落地灯和台灯，他们是局部照明以及加强空间造型最理想的器材。沙发旁边茶几上放盏台灯，最好光线柔和，有可能的话最好用落地灯做阅读灯。不过，落地灯虽然方便移动，但电源可不是到处都有，电线到处牵扯也不好看，所以落地灯的位置最好也相对固定在一个较小的区域。

客厅尖角的化解

由于建筑设计方面的原因，许多现代住宅的客厅存在着尖角与梁柱，不但观感不佳，而且对居者构成压力，这对住宅风水影响甚大。且从住宅美学的角度来看，亦要多费心思，会令客厅失去和谐气氛，因此必须设法加以化解。

1. 用木柜来把尖角填平，用高柜或低柜均可。

2. 把一盆高大而浓密的常绿植物摆放在尖角位，这也可有助消减尖角对客厅风水的影响。

3. 在客厅的尖角位摆放鱼缸是很好的化煞之道，因为鱼缸的水可消减尖角的压迫，令气大有回旋余地，不但符合风水之道，而且可以美化家居景观。

4. 采用以木板反尖角填平的方法，仿如以木墙尖角完全遮掩起来，然后在这堵新建的木板墙上悬挂一幅山水国画，以高山来镇压尖角位。把尖角中间的一截掏空，设置一个弧形的多层木制花台，放几盆鲜润的植物、小品并用射灯照明，化弊为利成为家中一个观景的亮点。

客厅沙发的摆放

客厅的沙发不宜太大，有的家庭为了显示豪华气派，购置一组超大的沙发，占据了客厅的一半空间。过于拥挤，不利于空气流通，从风水的角度来说，对主人的财运也不利。沙发也须面对大门或电视，千万不可背门，因为沙发背门寓意自己的人际关系不够强。另外一点原因是如果陌生人闯入，有较多的反应时间。

客厅茶几的选择

选取茶几，宜以低且平为原则。人坐在沙发中，高不过膝为理想高度，沙发前面的茶几须有足够的空间。茶几的形状，以长方形及椭圆形最理想，圆形亦可。若空间不宽余，可把茶几改放在沙发旁边。茶几上除可摆设饰物及花卉来美化环境之外，也可摆设电话及台灯等，既方便又实用。

客厅的房梁易造成什么不好的影响？

大多数的屋梁是木制、混凝土或者是钢材的，无论屋梁是裸露在外面的，还是隐藏在穹顶里面的，都会对气的流动造成阻碍。更有害的是多层房屋的钢制承重梁，会扰乱气的全部能量流动。出于这个原因，生活在屋梁下面的人，会感受到它沉重的压迫感。屋梁的高度也同样是一个很关键的因素，离地面越高，它的影响就越弱。

落地窗安装护栏，监督施工人员焊接牢固

1. 根据国家的相关规定，凡是落地窗和飘窗都必须安装护栏，否则不予安全验收。因此，如果开发商已经安装了护栏，严禁私自拆除。如果不喜欢已安装的护栏，业主可以更换自己喜欢的样式的护栏。

2. 所安装的防护栏一定要达到安全高度，或者安装防护网。低层、多层住宅的阳台栏杆净高不应低于1.05m，中高层、高层住宅的阳台栏杆净高不应低于1.10m。封闭阳台栏杆也应满足阳台栏杆净高要求。中高层、高层及寒冷、严寒地区住宅的阳台宜采用实体栏板。

3. 安装护栏时，业主一定要在现场监工，防止施工人员敷衍了事。施工后，业主最好亲自检查一下，用力晃动护栏，如果发现护栏有晃动的迹象，一定要让施工人员重新焊接一次。

铺贴壁纸有技巧，监督施工人员严施工

1. 在购买壁纸时要确定所买壁纸的每一种型号仅为一个生产批号。胶黏剂最好选择有质量保证及信誉好的品牌。在动手施工前，务必将每卷壁纸摊开检查，看是否有残缺或明显色差。

2. 计算壁纸的用量。一般情况下。标准壁纸每卷可铺贴5m²左右。需要注意的是，在实际铺贴中，壁纸存在8%~10%的合理损耗，大花图案壁纸的损耗更大，因此，在采购时应留出损耗量。

3. 贴壁纸一般分为湿贴和干贴两种。湿贴就是先将壁纸浸水，然后在墙上刷一层胶粘贴。这种方法施工速度快，但是由于胶水很难附着在壁纸表面，容易引起翘皮现象；此外，由于壁纸和墙面吸水率不同，还容易造成接缝处开胶。而干贴是直接在壁纸背面刷胶水进行粘贴，其强度比湿贴增加一倍以上，缝口两边也不会产生常见的翘皮现象；但是干贴必须掌握好涂抹胶水的尺度，对施工技艺要求高。建议业主尽量选择干贴方法。

4. 铺贴壁纸时一定要先处理墙面。用刮板和砂纸清除墙面上的杂质、浮土，如果有凹洞裂缝，要用石膏粉补好磨平。墙面基层颜色要保持一致，否则裱糊后会导致壁纸表面发花，出现色差，特别是对遮蔽性较差的壁纸，色差会更严重。

5. 贴壁纸时最好从窗边或靠门边的位置着手，使用软硬适当的专用平整刷刷平壁纸，并且将其中的皱纹与气泡刷除。但不宜施加过大压力，避免壁纸绷得太紧而收缩开裂。

6. 电源开关及插座贴法：先关掉总电源，将墙纸盖过整个电源开关或插座，从中心点割出两条对角线，松开螺钉，将切开部位的纸缘折入盖内，再裁掉多余的部分即可。

壁纸贴后要保护，自然阴干是关键

1. 贴壁纸之前一定要先在墙面涂刷一层基膜，既能防潮，又可以保护墙面在日后更换壁纸时不被破坏。

2. 壁纸贴完后要及时关闭门窗，阴干处理，时间最好在3天以上，避免因通风过度造成壁纸开裂。

3. 壁纸贴好3天后，可以用潮湿的毛巾轻轻擦去壁纸接缝处残留的壁纸胶。如果发现壁纸接缝开裂，可以用专用的壁纸胶修补，也可以抹些白乳胶处理。

4. 不仅壁纸，涂料同样要自然阴干，尤其是在干燥的秋季。如果担心室内空气污染，可以将窗户打开一条缝进行空气流通。然后和施工人员商量怎样做才能保证原汁原味，尽量避免返工。

5. 在监工过程中，最重要的是拿定主意。千万不要摇摆不定，否则员做出来的东西连他自己都看着别扭，更不要说业主了。

涂装施工有规范，施工人员别偷懒

1. 装修时最好选择水性漆，尤其是在卧室、书房、客厅等家人停留时间较长的地方。目前市场上的内外墙涂料、木器漆、金属漆都有各自相对应的水性漆，业主可以按需进行选购。

2. 房间铺设完地砖或木地板后再进行涂装。没铺地砖或木地板的房间，空气中通常有很多粉尘，在这种情况下刷木器漆，粉尘容易附着在刷过木器漆的木制品表面，使得漆面干透后摸上去有刺刺的感觉。虽然可以通过砂纸打磨的方法修补，但最后出来的整体效果会打折扣。而在房间铺完地砖后再涂装，空气里的粉尘含量会减少很多，基本不会出现刷过一遍木器漆后粉尘附着在木制品表面的情况。

3. 一定要按规范进行施工，防止因为工艺不规范而造成室内空气中苯含量过高，导致中毒、爆炸和火灾等事故发生。施工现场应尽量通风换气，以减少工作场所空气中的苯对人体的危害。在施工现场不能吸烟或扔烟头。施工现场要配备灭火器。

4. 在涂装过程中，业主应重点监督施工人员以下几点：

1）一件家具的涂装最好一气呵成，中间不要停顿，否则容易造成漆膜厚度不一，出现色差；

2）尽量不要在潮湿的天气进行涂装；

3）等第一道涂料干透后再进行下一道涂装施工；

4）金属面的涂装要进行防锈处理；

5）天气太冷时不要涂装，否则涂装质量会变差；

6）涂装木门时，要用美纹纸贴住铰链和门锁。

5. 为减少涂料中的有害物质散发，尽量减少涂料的使用量。如果需要现场做木家具，在涂装时，可以在家具外面容易磨损的部位使用油性漆，内部看不到的部位刷水性漆，尤其是鞋柜、衣柜等通风较差的柜体，内部涂装尽量使用水性漆。

安装吊灯需监工，防止吊灯成"掉灯"

现在灯具制作精美、华丽、材质多样，质量自然也很大。如果像过去的灯泡一样简单地将吊灯挂在原有的电线上，随时都存在掉下来的危险。因此，安装吊灯时业主一定要现场亲自监工。

1. 如果房子的面积不是特别大，最好不要选择水晶类的容易破碎的大型吊灯，可以挑选一些木质或者仿羊皮质地的灯具，虽然不及水晶吊灯华丽，但别有一番情调，而且质量轻，即使掉下来，也不容易造成大量的碎片伤害到人。

2. 在安装吊灯时，不管是什么样的材质，一定要让施工人员在房屋顶棚上做好灯具支架，将灯具直接固定在屋顶。尤其是质量大于3kg的大型灯具是绝对不能直接挂在龙骨上的，否则很容易发生坠落。这一点极其重要，业主一定要紧盯着施工人员施工。有些吊灯需要先将底座用膨胀螺栓固定在房顶，再将灯固定在底座上，此时业主务必要监督施工人员使用膨胀螺栓，切不可偷懒使用普通螺栓。

3. 卫生间里的吸顶灯要选择轻便、带有防水功能的类型。如果是轻便的吸顶灯，可以直接安装在铝扣板龙骨上，但如果是造型复杂的灯具同样不能直接挂在铝扣板的龙骨上。此外，由于卫生间环境潮湿，且又不常通风，灯泡会有突然碎裂的危险，最好定期更换。

4. 在装修设计中，如果准备安装壁灯，墙面最好不要使用易燃的装饰材料（如壁纸等），否则，如果壁灯开的时间过长，会导致墙面局部变色，严重时会引起墙面着火。最好选择有较长拉杆并伸出墙面的壁灯，或者有灯罩保护的壁灯。同时，在安装壁灯时一定要与墙面保持一定的距离。

5. 在餐厅里安装吊灯时，最好不要固定在餐厅吊顶的正中位置，以免吊灯不在餐桌的正上方。除吊灯外，餐厅还应配有其他光源，一是因为大多数吊灯的亮度都不够，二是安装几个壁灯或者台灯可以在一些特殊的节日调节用餐氛围。

装修预留空调洞，外低内高才标准

现代家庭中常用的空调主要有挂机和柜机两种：挂机小巧轻便，占用空间小，适合安装在面积比较小的房间内，能效比较高；柜机体形相对较大，需要占用地面的面积，一般适合安装在客厅或面积比较大的地方，能效比挂机低一些。装修时，多数业主会让施工人员提前打好空调洞，方便日后安装空调。然而，由于施工人员不是专业的安装人员，往往对空调打洞的要求也并不了解，以为只要洞穿墙壁就可以了，结果导致空调洞外高内低或者是内外高度相平，造成雨水倒流进室内。

1. 新房装修时，一定要预留空调洞，最好在刮腻子之前把空调洞打好。打洞时，空调洞一定要向外倾斜，内墙高于外墙，形成一个小坡度，防止雨水流进室内。

2. 安装空调时，如果事先没有预留空调洞也没有关系，现在的空调安装人员大都经过培训，技术更专业，在打洞时有他们自己的方法，不会弄脏墙面。但是为了保险起见，在施工时，业主还是要提醒安装人员打洞一定要外低内高。

3. 空调安装要注意以下事项：①安装前要检查电源，包括电表、线径、空气开关以及插座等；②室内机、室外机都要水平安装在平稳、坚固的墙壁上；③室内机要离电视至少1m，避免互相产生干扰，并应远离热源及易燃处；④室外机要避免阳光直晒，需要时可配上遮阳板，但不能妨碍空气流通；⑤室外机应尽量低于室内机；⑥穿墙孔应内高外低（便于排水），连接管穿墙时要防止杂质进入连接管，防止连接管扭曲、变形、折死角；⑦空调安装完毕后，一定要现场试机，包括制冷和制暖，如有问题，可以即时调换。

4. 排空是空调安装中较重要的一个程序。空调安装完毕后将高压侧阀门打开排空，利用制冷压力将管道内空气排除，反复几次即可。如果没有排空程序，可能会降低空调的使用效果，缩减其使用寿命。

健康住宅的五个标准

1. 设有换气性能良好的换气设备，能将室内污染物质排至室外。特别是对高气密性，高隔热性的环境来说，必须采用具有风管的中央换气系统，进行定时换气；

2. 客厅、卧室、厨房、厕所、走廊、玄关等要全年保持在17~27℃之间；

3. 室内的湿度全年保持在40%~70%之间，二氧化碳要低于1000ppm，悬浮粉尘浓度要低于$0.5mg/m^2$，噪声要小于50dB；

4. 有足够的照明环境，一天的日照确保在3小时以上；

5. 建筑材料中不含有害挥发性物质。

活性炭有效治理室内污染

活性炭是利用优质无烟煤、木炭或各种果壳等作为原料，通过物理或化学方法经过特殊工艺加工的一种碳制品，它具有微晶结构，使其有很大的内表面，有极强的吸附能力，因此被广泛用于空气净化，防毒防护领域。

1. 活性炭是国际公认的吸毒能手，活性炭口罩，防毒面具都使用活性炭。利用活性炭的物理作用除臭，去毒，无任何化学添加剂，对人体无影响。

2. 喷剂等药物治理易造成二次污染，且可能损害家具，而活性炭属物理吸附，很安全，对人体无害，对家具有防霉、防腐的作用。

3. 某些产品提倡一次性去除，而家里的毒气的释放是一个缓慢的过程。有时候今天去除了，过几天有有味道了，而且这种产品一般价格不低。而活性炭有效吸附期为3~6个月，刚好与之相匹配。

4. 活性炭采用透气性包装，使用方便，价格较低，再烈日暴晒下可以反复使用，以保存，在密封条件下5~10年不变质。

5. 具有多种用途，鱼缸净水，保藏书画（古籍最怕霉变虫咬），冰箱、卫生间、汽车内部均可以达到消毒除臭等目的。

客厅家电的选购和常识

1. 电视：如果在等离子和液晶之间犹豫，建议是选择液晶电视，等离子属于过渡产品，而且其功率太大，散热孔烤手，夏季气温较高，再开着等离子，多少有些郁闷，而且等离子电视的可视范围也很局限。

2. 冰箱：夏季不要把电冰箱放在太阳直射的地方，不要让冰箱与煤气灶等热源"亲密接触"，冰箱散热面与四周应留有5cm以上的空隙；食物应在冷却后再放入冰箱；冰箱门缝垫圈的密封性要好，要尽量减少开门次数；冰箱积霜厚度超过6mm就应除霜。

3. 空调：对于中小户型的客厅而言，大家最好选用节能型空调，并根据房间面积选择适当功率的空调：1匹空调适用面积10~15m²，1.25匹适用10~19m²，1.5匹适用16~26m²，1.7匹适用15~30m²，2匹适用20~37m²。

夏季空调温度应设定在26~28℃，制冷时风向调节叶面应朝下；空气滤网每2到3周清洗一次；空调室外机尽可能安装在不受阳光直射的地方，并加装遮阳篷；空调长时间不用时，应切断电源。

液晶电视的保养

液晶屏是保护的重点，因为它是唯一外露的三大核心部分之一，所以需要格外的爱护。

1. 日常使用，尽量避免长时间显示同一张画面。和显像管电视一样，液晶显示屏也会因为长时间工作引起内部的老化或被烧坏，尤其糟糕的是长时间内显示同一画面。如果长时间地连续显示一个固定的内容，就有可能导致某些像素过热，进而造成内部产生坏点。而这种损坏是不可逆的，且不能修复。

因此在使用时应该注意：不用的时候，关闭显示屏；如果只是暂时不用，就选择屏幕保护程序，或者把显示屏的亮度调低一点。不过这些保护程序只是保护液晶屏，后面的灯管还一直在工作，所以直接关闭显示屏更稳妥。

2. 放置的地方，环境要保持干燥并远离化学药品。如果电视放置的环境湿度很大，电器内部就会结露，容易造成漏电、短路等。如果不小心湿气进入液晶显示屏，就必须将电视换置到较温暖的地方，以便让其中的水分挥发掉。平时家庭中使用的发胶、灭蚊剂等都是挥发性很高的化学品，也会对液晶显示屏造成损伤，要尽量远离液晶电视。

3. 液晶显示屏不能频繁清洗。液晶电视使用久了，屏幕就会成为"大花脸"，正确的清理方法：拿一块沾有少许玻璃清洁剂的特殊屏幕擦布，小心地把污迹擦去，擦拭时力度要轻，否则显示屏会因此而短路损坏。千万注意不要让清洁剂流到屏幕与屏框的接口中，以免出现短路烧坏显示屏。也不要用硬质毛巾擦洗屏幕表面，以免刮花屏幕影响观看效果。清洁显示屏还要定时定量，频繁擦洗也是不对的，那样同样会对显示屏造成一些不良影响。

4. 杜绝电视使用坏习惯。最大的坏习惯就是经常用手对屏幕指指点点。一般来说，液晶屏非常娇贵，又都比较轻，指指点点容易不小心碰到。此外液晶显示屏的功耗比较小，但后面变压器的电压还是很高，因此特别注意千万不要在带电的情况下打开屏的后盖。液晶电视出现了问题，在不明情况下，千万不要自行修理，最好是拿到专业维修站进行修理。总之，不要把使用显像管电视大大咧咧的毛病用在液晶电视上。

客厅的家具如何摆放？

1. 客厅的沙发一般适合摆放在距离客厅窗户较近的位置。从风水学上讲，沙发的形状适合"U"形或"L+方墩"的形状，忌"L"形。

2. 电视柜不宜过长，浪费空间。有些人电视柜做得很长，为了把家庭影院的两个主音箱放在上面。最好不要有此打算。主音箱的振动对电视机的电路有损伤，所以，主音箱最适合直接放在地上。

3. 现在的大客厅设计，客厅基本上都同时兼备餐厅的功能，所以，还要给餐桌、餐椅留好位置。从风水学上讲，餐桌的位置最好不要正对着入户门、卫生间门。

室内家电的摆放

1. 确定煤气灶放厨房还是放阳台，个人认为灶台最好还是放在厨房，放阳台的话，有的户型顶着西晒做晚饭，感觉不是很好，再有就是在阳光太强的情况下，在阳台上做饭看不清火苗；

2. 确定冰箱放厨房还是客厅，主要考虑厨房的面积大小，不过冰箱放在客厅对于居住来讲还是要更方便一些；

3. 确定洗衣机放在卫生间还是厨房还是厨房阳台，我一直坚持认为洗衣机最好还是放在卫生间，厨房和阳台都有点脏；

4. 确定各自然间空调的位置，空调应该在垂直窗户的两面墙上，且距离窗户越近，利用对流改变温度的效果越好。

各房间摆放花卉的建议

1. 客厅：客厅的面积如果不大，摆放的花卉则不宜过高。摆放时还应尽量靠边，别挡道。对于大客厅，应摆放挺拔舒展、造型生动的植株，如南洋杉、大株龟背竹、巴西木等。

2. 卧室：卧室不宜摆放过多的植株，可适当选择金橘、桂花、袖珍石榴等中小型植物。

3. 书房：书房应营造一种优雅宁静的气氛，以观叶植物或颜色较浅的盆花为宜。如绿萝、棕竹、文竹等。在书桌上摆上一盆文竹、书架上摆盆悬吊植物，都会使整个书房显得文雅清新。

4. 厨房：厨房里的温度、湿度变化较大，应选择一些适应性强的小型盆花，如小杜鹃、小型龙血树、蕨类植物以及小型吊盆植物。特别需要注意的是，厨房不宜选用花粉太多的花。

5. 卫生间。卫生间潮气太重，如果再有淋浴的话，大量的水蒸气不适合植物的生长。如果一定要在卫生间摆放植物的话，也应该注意每隔两三天要把植物拿出来"透透气"。否则的话，长期滞留在卫生间的植物一般都活不长。在此也提醒大家，卫生间里最好不要摆放植物，如果一定要添加些绿植效果的话，不妨可以考虑摆一株假花。

装修公司的利润来自于四种途径

利润一：装修公司基本上跟当地大部分甚至所有的建材商都有着紧密的金钱关系。

首先，如果是全部包工包料的工程，装修公司就必须担任采购员的角色。对于建材商来讲，装修公司就是大客户，因为这种生意是可持续发展的，所以，装修公司的人上建材城买东西，肯定是最低价，哪怕仅仅买一只灯泡。

其次，大一点的装修公司甚至专门与某些建材品牌签订了代理关系，在自己的公司展台里陈列出这些品牌的样品，然后推荐给客户，甚至强行要求客户接受。客户消费了这些建材，建材厂家自然会付给装修公司销售提成。

再次，就是大家最关心的回扣了。有的客户要求自己去买建材，但又不会选，于是要求装修公司的设计师或者项目经理去帮忙选择，在这个过程中，如果你选择了与该家装修公司比较熟络的建材商，那么回扣基本上都会有。金额多少视建材商和设计师对金钱的喜好程度而定。

大家会不会以为设计师或者项目经理拿了回扣就会帮建材商说话？我这里明确地回答大家：不会！因为，所有的建材商都会给他们回扣，不存在怂恿你买这个差品牌而要你放弃那个好品牌的现象。

利润二：装修公司雇佣农民工到你房子里来干活，多多少少会取得一点管理农民工的费用。比方刷乳胶漆，装修公司收你十五块每平方米，然后他再付给农民工十二块，自己赚两块钱。这种赚钱方式似乎客户们很能接受，因为农民工尤其是技工不是摆在街上等人来挑选的，不找装修公司自己就搞不定这些人。

利润三：设计费。这项费用视装修公司的名气而定了，名气大的公司才会收设计费，小公司一般优惠给客户了。

利润四：管理费。这项费用一般是为那种自己买建材只包工的客户设计的。大约是总工程里的百分之几。坦白讲，你们自己去买材料，害得装修公司赚不了材料钱，所以，他们只好给你们加上这么一项费用。这项费用可能比你自己去买建材省下的钱还要多。世界上没有免费的午餐，有时候精明常常会用错地方。

装修公司能赚的钱就是通过这四个渠道来的。钱袋富裕的朋友或者对自家房子看得特别重的朋友，其实真的可以将房子包工包料给装修公司。因为对于装修公司来说，对包工包料的工程的重视程度肯定大过于单包人工的客户，这是客户对我们的信任；另外，利润都要多一些，多加重视也是人之常情。

小成本也能创造温馨氛围

客户在选择窗帘的时候，最好还是问一问设计师的意见。在窗帘店看样品是一回事，挂在自家的房子里又是一回事。一般人进屋子，视觉上可能首先就会感觉到窗帘的色彩。所以，我觉得窗帘在居室美化中起着非常重要的作用。

大家要明白，窗帘的价格包含了布料本身的成本和后期的工艺成本以及安装费用，当然，安装是最小的成本了。楼层比较高或者采光比较好的户型，大家可以考虑在做窗帘的时候加一层遮光布。这样，夏天空调比较节能。注意后期安装窗帘的时候，提醒师傅保护室内其他设施，特别是做了窗套的房子。窗帘安装好以后，业主要去试一试轨道是否滑溜，不行的话及时调整。

家居的设计与其花大价钱堆砌那些造型，不如买点便宜的布艺软装，看久了还可以换。所以，我比较赞同大家去淘点地毯、坐垫、桌椅之类的东西放在家里。屋子里多点布艺的装饰，会显得温馨。其实这跟大家喜欢贴墙纸是一个道理，因为丝丝缕缕的东西容易减少钢筋水泥给人的冰冷感觉。

关于选购和安装窗帘的建议

1. 窗帘，尤其是布帘的安装，要在家里所有基础装修全部结束，且做完拓荒保洁之后，千万别因为心急，提前安装，这样可能会把布帘变成一块硕大的干抹布。

2. 窗帘的色彩应注意与居室（特别是墙面颜色、居室大小、床上用品颜色）和谐搭配。原则上，小房间适合浅色窗帘，大房间适合深色窗帘。

3. 窗帘的图案选择应考虑空间大小、室内净高。原则上，小房间的窗帘花形不宜过大，大房间可适当选择大的花形。

4. 现在选择落地窗帘的同学越来越多了，大家要特别注意的是，落地窗帘的下摆应高出地面3~5cm，过长导致拖地，窗帘下摆容易弄脏，而且严重影响窗帘的垂感；有的业主选择齐着窗台做窗帘，非常非常的不好看。

5. 带有褶折的布帘宽度最好是整面墙宽，能够遮挡窗户两侧的墙面，而且整体感要好。

6. 关于纱帘可以根据业主的喜好来选择安装，但是一般家里的纱帘利用率比较低。要说纱帘一点用没有肯定是不客观的，比如说视觉上，一些业主喜欢纱帘的那种朦胧感。所以，装与不装只要是自己喜欢的就可以了。

7. 布帘添加的配件很多，比如：花边、垂坠、布带、铅线、挂钩、挂球、绑带……从实用角度讲，除了像布带这样必须要有的，还有像垂坠儿或铅线有所选择的配件，其他很多都是华而不实的累赘，且也是窗帘商家主要的利润点所在。所以，可以考虑适当省略。

8. 这里重点说一下窗帘的花边。细心的业主会发现，窗帘门店展示的窗帘很少有不带花边的。花边是最容易让人产生"审美疲劳"的附加产物。花边在以后的生活中除了给你家的洗衣机增加负荷之外，不会再有其他的用途了。所以，不建议大家选择花边。一般布帘可以选择加布带和铅线。

9. 布帘一般分"定高买宽"和"定宽买高"两种买法，在购买自己喜欢的布帘的时候首先应该向商家询问是怎么个卖法。举个例子：同样是30元/延米的布帘，"定高买宽"要比"定宽买高"节约大米。而且，"定宽买高"的布帘幅与幅之间不可避免的接线看起来也不是很美观。如果不是自己特别喜欢的款式，建议大家还是选择"定高买宽"的布帘。

10. 一般来说，窗帘和窗帘杆是同时安装的，不过也有预先安装了窗帘杆。所以，前面提到的落地窗帘的下摆应高出地面3~5cm，一定要把握好，最简单的方法就是去一个装过窗帘的朋友家实地测量一下（精确到cm），然后在做窗帘的时候，把自己核算的准确尺寸（做多高的窗帘）告知商家。

11. 窗帘杆有一个临界尺寸要求，2.7m以下长的窗帘杆，安装的时候左右各有一个固定端就可以了；但如果窗帘杆的长度超过了2.7m，就需要在中间加一个固定端，以防止窗帘杆变形。对于窗帘杆超长的业主，在商家上门安装的时候尤其应该注意此环节。

12. 窗帘滑道，窗帘滑道有纳米轨（约10元/米）、普通轨道（约6元/米）之分，两个总价不会差太多，不过用起来感觉还是不一样的。所以，建议业主需要安装滑道的话，就选择纳米轨，做工好，且收拉的感觉确实很舒畅。

和工人相处需要建立的"四个意识"

1. 要建立与工人共融的意识：一些业主在工人面前"阶级分明"，把自己放在一个"领导"的位置，颐指气使、吆三喝四。其实你可以当"领导"，但是要当一个聪明的"领导"。尝试着亲身实践，或者学着主动问工人一句："我能帮忙做点什么？"并不是让你真正要什么，工人一般也不会说让你去做什么，这么做的目的只是在向工人表明一种态度——大家是自己人。

2. 要建立不失时机地夸奖工人的意识：对工人要多表扬、多赞扬，比如你可以赞叹木工的手艺真棒，做出来的东西就像艺术品；油漆工的刷墙动作行云流水，简直是行为艺术；当然有的工作比如凿线槽，你就夸他辛苦敬业一丝不苟……大部分工人对自己做的活儿都很有自信，希望得到别人的认可。而且更重要的是，没有人不愿意听夸奖。学会夸奖工人是对工人的一种激励手段。切忌认为工人把活儿做好是应该的，为什么要去夸奖他？更没必要考虑自己不知道工人做得好不好，就不去夸奖他。对工人适时地给予认同，你的夸奖会成为调动工人工作热情的有效途径。

3. 要建立经常与工人语言交流的意识：多和工人交流是对工人心里的一种调剂，因为工人在面对业主的时候，多少都会有一种距离感，这种距离感会直接派生出工人与业主之间的生疏感，通过交流可以消除这种生疏感，让工人有一种在给朋友做工的感觉，而不是在给别人打工的感觉。不要担心你和工人的交流会影响工人的工作效率，其实那些施工对于工人来说早就是程序化的操作了。通过交流可以消除与工人的那层隔阂，让工人把活儿做好成为一种自觉自愿的行为，而不是你"镇压"下的结果。

4. 要建立平易对待工人的意识：一些比较内向的工人平时话不多，不善于交流，或者也可能不愿意和我们过多的交流，在业主面前心里多少都有些自卑感，这种自卑从表象上看是对业主的敬畏。如果这时候作为业主的我们"配合"以横眉冷对，那工人就更不敢多说话了。装修期间有些问题是需要工人主动和业主沟通的，工人如果憋着不说，我们可能也看不出来什么。所以你的平易近人会给工人一种容易接近的感觉，工人会乐于主动与你沟通，进而一些问题也就在沟通中得到及时解决了。